Kounto

Barrage de Nangbéto, une retenue d'eau en voies de fortes pollutions ?

Kountowaniwadjo Gaëtan Yatta

Barrage de Nangbéto, une retenue d'eau en voies de fortes pollutions ?

Une évaluation de la qualité physico-chimique et bactériologique des eaux du barrage de Nangbéto au Togo

Éditions universitaires européennes

Impressum / Mentions légales

Bibliografische Information der Deutschen Nationalbibliothek: Die Deutsche Nationalbibliothek verzeichnet diese Publikation in der Deutschen Nationalbibliografie; detaillierte bibliografische Daten sind im Internet über http://dnb.d-nb.de abrufbar.

Alle in diesem Buch genannten Marken und Produktnamen unterliegen warenzeichen-, marken- oder patentrechtlichem Schutz bzw. sind Warenzeichen oder eingetragene Warenzeichen der jeweiligen Inhaber. Die Wiedergabe von Marken, Produktnamen, Gebrauchsnamen, Handelsnamen, Warenbezeichnungen u.s.w. in diesem Werk berechtigt auch ohne besondere Kennzeichnung nicht zu der Annahme, dass solche Namen im Sinne der Warenzeichen- und Markenschutzgesetzgebung als frei zu betrachten wären und daher von jedermann benutzt werden dürften.

Information bibliographique publiée par la Deutsche Nationalbibliothek: La Deutsche Nationalbibliothek inscrit cette publication à la Deutsche Nationalbibliografie; des données bibliographiques détaillées sont disponibles sur internet à l'adresse http://dnb.d-nb.de.

Toutes marques et noms de produits mentionnés dans ce livre demeurent sous la protection des marques, des marques déposées et des brevets, et sont des marques ou des marques déposées de leurs détenteurs respectifs. L'utilisation des marques, noms de produits, noms communs, noms commerciaux, descriptions de produits, etc, même sans qu'ils soient mentionnés de façon particulière dans ce livre ne signifie en aucune façon que ces noms peuvent être utilisés sans restriction à l'égard de la législation pour la protection des marques et des marques déposées et pourraient donc être utilisés par quiconque.

Coverbild / Photo de couverture: www.ingimage.com

Verlag / Editeur:
Éditions universitaires européennes
ist ein Imprint der / est une marque déposée de
OmniScriptum GmbH & Co. KG
Heinrich-Böcking-Str. 6-8, 66121 Saarbrücken, Deutschland / Allemagne
Email: info@editions-ue.com

Herstellung: siehe letzte Seite /
Impression: voir la dernière page
ISBN: 978-3-8417-4504-0

TABLE DES MATIERES

Introduction

Les cours d'eau, les bassins versants et les écosystèmes aquatiques sont les moteurs biologiques de la planète ; ils sont sources de vie et constituent la base de subsistance des communautés locales (CMB, 2000)[1]. Ainsi, les questions d'eau concernent toutes les catégories sociales et tous les secteurs économiques. La croissance démographique, l'urbanisation et l'industrialisation rapides, l'expansion de l'agriculture et du tourisme ainsi que le changement climatique, exercent des pressions croissantes sur les ressources en eau. Comme le veut l'objectif 7 des OMD[2], (Préserver l'environnement), comprendre, protéger et rétablir les écosystèmes des bassins hydrologiques sont essentiels pour promouvoir un développement humain équitable et le bien-être de toute espèce. Par conséquent, il est indispensable que ces ressources vitales soient gérées correctement.

D'où l'approche de Gestion Intégrée des Ressources en Eau (GIRE) qui contribue à la gestion et à l'aménagement durable et adaptés de ces ressources, en prenant en compte les divers intérêts sociaux, économiques et environnementaux à différents niveaux, du plan local au plan international (GWP et RIOB, 2009).

L'eau peut être vue à la fois sous des aspects positifs et négatifs. En effet, l'eau est d'une part, essentielle à la vie humaine, animale et végétale. Elle peut d'autre part, provoquer des ravages extrêmes ; elle peut être porteuse de germes responsables de maladies et inonder de vastes zones. Un manque d'eau ou une sécheresse prolongée peut faire de nombreuses victimes et entraîner une récession. L'eau peut également causer ou aggraver des conflits entre les communautés riveraines d'un bassin local, national ou transfrontalier.

---

[1] Commission Mondiale des Barrages

[2] Objectifs du Millénaire pour le Développement

Les problèmes et défis auxquels est confrontée la gestion de l'eau se résument surtout à la façon dont la société l'utilise et la pollue. La pollution expose un nombre croissant de personnes aux maladies liées à l'eau. Les gestionnaires de bassin sont ainsi confrontés à la gestion des interactions très complexes entre ce qui se passe en amont et en aval et les répercussions sur les processus hydrologiques, biochimiques et biologiques. Ils sont obligés de trouver un équilibre entre la gestion de l'eau pour les activités économiques et la santé écologique des fleuves, marais et lacs.

La gestion du fleuve Mono, un cours d'eau transfrontalier que partagent le Togo et le Bénin connaît aussi ces difficultés évoquées plus haut. En effet, la gestion des ressources en eau passe fondamentalement par la surveillance et le suivi de leur qualité. Cependant, très peu d'études sont consacrées à l'évaluation de la qualité physico-chimique et bactériologique du bassin du fleuve Mono, en occurrence la retenue d'eau de Nangbéto (CEB[3], 1998) qui est une véritable ressource énergétique et économique pour le Bénin et le Togo. De nos jours, aucune structure de surveillance au point de vue de la qualité physico-chimique et bactériologique de l'eau n'existe pour le contrôle et le suivi périodiques de la qualité des eaux du bassin du Mono (CEB, 1998), malgré l'importance de son réseau hydrographique et l'accroissement des populations riveraines.

Ainsi, compte tenu de l'importance du bassin versant qui alimente le barrage de Nangbéto, plusieurs hypothèses peuvent être émises sur la qualité de son eau. (i) Cette eau est certainement contaminée par les métaux lourds et d'autres polluants drainés par les affluents de son tributaire tels que les pesticides et les engrais chimiques et autres effluents domestiques et industriels ; elle court certainement un risque d'eutrophisation puis d'envahissement par les macrophytes et serait contaminée du point de vue bactériologique. (ii) La qualité physico-chimique et bactériologique de l'eau issue de la station de potabilisation d'eau de la CEB serait probablement impactée.

---

[3] Communauté Électrique du Bénin

Procéder à une évaluation physico-chimique et bactériologique de la qualité de cette eau, est l'objectif principal de cette étude pour vérifier les hypothèses. De façons spécifiques, il s'agira : (i) d'évaluer la qualité physico-chimique et bactériologique de l'eau en amont et en aval du barrage, (ii) d'évaluer la qualité physico-chimique et bactériologique de l'eau issue de la station de potabilisation de la CEB à Nangbéto.

Pour atteindre ces objectifs, le travail a été structuré de la façon suivante : après avoir fait la revue de la littérature sur le sujet, nous avons présenté respectivement, la méthodologie adoptée dans la recherche, les résultats obtenus, et enfin une discussion de nos résultats.

Chapitre I : Revue de la littérature

Ce chapitre présente le rappel des connaissances antérieures et des éléments fondamentaux nécessaires à la compréhension de cette étude.

1.1 Présentation du bassin du fleuve Mono

1.1.1 Localisation du bassin

Le bassin du Mono est situé en grande partie au Togo, entre la latitude de 9°20' N à la source (Monts Alédjo) et 6°174' N à l'embouchure dans le Golfe de Guinée et entre la longitude de 0°41' E et de 1°45 E (Blivi, 2000). D'une longueur de 450 km environ, le bassin est situé au Togo par région administrative de la façon suivante: 41% du bassin est situé dans la Région Centrale, 54% du bassin dans la Région des Plateaux, 5% du bassin dans la Région Maritime. Son cours inférieur sur les 100 derniers kilomètres constitue la frontière entre le Togo et le Bénin (CEB, 1998).

1.1.2 Géomorphologie et relief

Le bassin du Mono (100 à 400 m d'altitude) est presque entièrement constitué de massifs ou de plateaux très anciens datant du précambrien très érodés et de granites intrusifs (PNUD, 1987). Le relief est généralement estompé, exception faite des massifs de l'Est et du Nord-est. Seule la partie inférieure du bassin, très étroite se trouve dans le bassin sédimentaire côtier. Le relief de la basse vallée du Mono est peu accidenté. Au sud, on trouve la plaine côtière, les plateaux et des chutes qui précèdent les méandres. Le Continental terminal (formation sablo-argileuse) forme un talus plus ou moins abrupt au sud. Les sources du fleuve Mono se trouvent dans le massif de Sokodé, dans les Monts Alédjo (CEB, 1998).

1.1.3 Hydrographie et hydrogéologie

Hydrographie : Le réseau hydrographique du bassin du Mono est constitué par ses principaux affluents que sont : l'Ogou (207 km), l'Anié (161 km), qui sont situés en amont du barrage de Nangbéto (180 km²) et l'Amou (114 km), qui est situé en aval de Nangbéto. Le bassin versant occupe environ 30.000 km². A ces affluents, il faut ajouter le complexe lagunaire dans lequel débouche le fleuve dans son cours inférieur, et dont il est le principal apport en eau douce. A l'est, on trouve le système lagunaire béninois constitué d'une part de la lagune côtière de Grand-Popo et d'autre part du lac Ahémé relié à la lagune côtière par le chenal de l'Aho. Il s'ouvre sur le milieu marin par le grau des Bouches du roi. A l'ouest, on retrouve le système lagunaire togolais, constitué du lac Togo, du chenal de Togoville, des chenaux d'Aného et de la lagune de Vogan (CEB, 1998).

Hydrogéologie : Les eaux souterraines sont emmagasinées dans deux grandes formations aquifères : le socle granitique, gneissique, micaschisteux d'une part et le socle sédimentaire côtier d'autre part.

L'hydrogéologie du socle granitique, gneissique, micaschisteux renferme deux types de formations aquifères : (i) Aquifère lié à la fissuration : le socle sain ne renferme pas d'aquifère continu en raison de l'absence de porosité d'interstices ; l'eau circule et est emmagasinée dans les fissures ; (ii) Aquifères lié à l'altération : l'altération des roches se développe le long des fissures et vers la surface (UNESCO, 2008).

Le sédimentaire côtier du Togo et du Bénin fait partie du vaste bassin sédimentaire côtier qui s'étend de la Côte d'Ivoire au Nigéria. Dans sa description, on y retrouve : (i) l'aquifère Quaternaire; (ii) l'aquifère du Continental terminal; (iii) l'aquifère du Paléocène; (iv) l'aquifère du Maestrichtien (UNESCO, 2008).

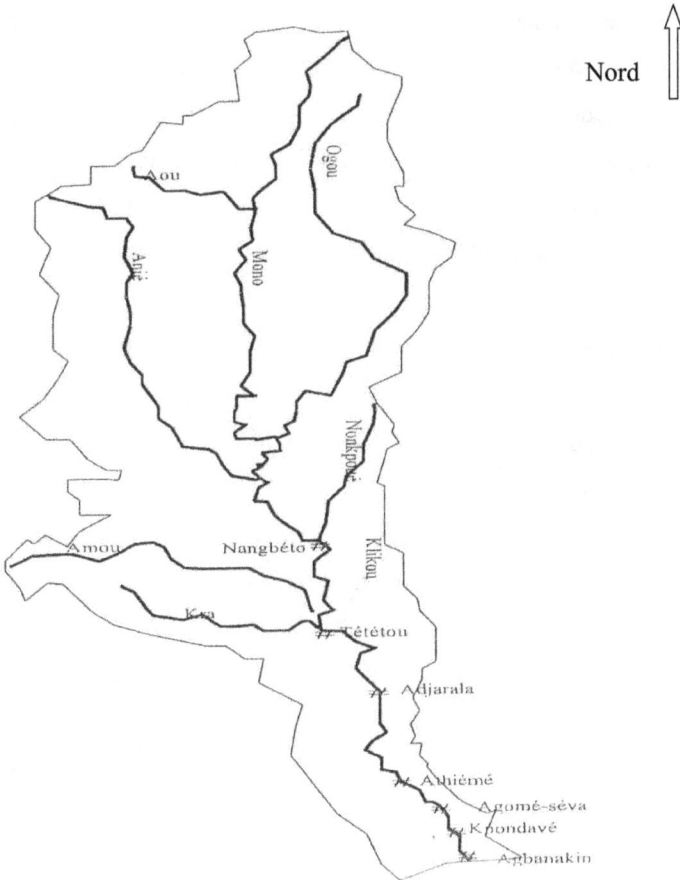

Source : CEB, 1998

Figure 1 : Réseau hydrographique du bassin du Mono

1.1.4 Pédologie

Les sols représentés dans le bassin du Mono sont : (i) les sols peu évolués, caractérisés par un minimum de différenciation des horizons de surfaces et de profondeurs, (ii) les vertisols, (iii) les sols brunifiés, (iv) les sols hydromorphes, (v) les sols sesquioxydes de fer ferrugineux tropicaux, (vi) les sols faiblement ferralitiques comprenant les sols rouges ou brun-rouge, où les sesquioxydes de fer sont plus individualisés que ceux de l'aluminium avec un certain entraînement de l'argile de l'horizon de surface (Louis, 1984).

1.1.5 Flore et faune

Flore : On trouve certaines vestiges de forêts dans les endroits difficilement accessibles le long du Mono. On peut distinguer trois types de végétations : (i) les forêts galeries, (ii) la forêt dégradée, (iii) la prairie herbacée. Dans l'ensemble, on y trouve des plantations de palmiers à huile (*Elaeis guineensis*), de Teck (*Tectona grandis*), de Caicédrat (*Khaya senegalensis*) et d'Eucalyptus (*Eucalyptus globulus et Eucalyptus camaldulensis*). On trouve aussi la végétation aquatiques à *Pistia stratiotes, Nymphea lotus, Nymphea nilotica, Azola africana, Cyperus alterfolia ;* la mangrove à *Avicennia africana, Drepanocarpus lunatus, Rhizophora racemosa, Acrostichum aureum, Dalbergia ecastaphyllum* ; la savane marécageuse à *Mitragyna inermis* ; etc. (CEB, 1998).

Faune : La faune qu'on retrouve dans le bassin est constituée par : des hippopotames, des phacochères, des singes, des mollusques, des poissons, des oiseaux. On y retrouve aussi d'autres animaux comme les aulacodes (*Trionomys swinderianus*), les rats de Gambie (*Cricetomys gambianus*), les francolins (*Francolinus bicalcaratus*), les écureuils (*Xerus erythropus*). Les poissons qu'on retrouve dans le bassin sont de la famille des Cichlidae (*Sarotherodon melanotheron et Tilapia guineensis*) ; on y trouve aussi les poissons chats (*Chrysichthys maurus*), les crabes, les crevettes etc. (Salami et *al.*, 1987).

1.1.6 Climat et hydrologie

Climat : Le bassin de Mono bénéficie de deux zones climatiques : le sud du bassin jouit du climat de type guinéen avec alternance de saisons pluvieuses et de saisons sèches réparties comme suit : les périodes mi-mars à mi-juillet (grande saison des pluies), mi-juillet à mi- septembre (petite saison sèche), mi-septembre à mi-novembre (petite saison pluvieuse), mi-novembre à mi-mars (grande saison sèche). Le nord du bassin bénéficie d'un climat tropical semi-humide caractérisé par deux grandes saisons distinctes : une saison pluvieuse d'avril à octobre et une saison sèche de novembre à mars (UNESCO, 2008).

La majeure partie du bassin reçoit des précipitations comprises entre 900 et 1200 mm. Celles–ci sont fortes dans les régions montagneuses de l'ouest et du nord–ouest (Sokodé 1396 mm) et plus faibles sur la bordure côtière (Aného 830 mm) (UNESCO, 2008).

L'humidité relative varie au sud du bassin entre 70% et 90%. Au centre du bassin, l'humidité relative varie de 40% à 99%. Au nord du bassin, l'humidité relative apparaît très faible (UNESCO, 2008).

L'évaporation journalière à la station de Tabligbo varie entre 2,3 (Juin) et 6,2 (Octobre). Tandis que à la station de Anié-Mono, elle varie entre 3,3 (Août) et 6,7 (Février-Mars). L'évapotranspiration à la station de Tabligbo varie entre 96,1(Juillet) et 147,6 (Mars) (UNESCO, 2008).

L'ensemble du bassin est influencé par la circulation de deux vents, il s'agit de l'alizé continental (l'harmattan) et l'alizé maritime (Mousson). Le contact entre les deux masses d'air forme le Front Inter Tropical (FIT) (UNESCO, 2008).

Les températures moyennes varient entre 21 et 31°C (Tabligbo), 19 et 30°C (Atakpamé), 20 et 31°C (Sokodé) (UNESCO, 2008).

Hydrologie : Le régime hydrologique du Mono est du type « tropical pur». La crue annuelle présente un maximum en Septembre. La crue a toujours lieu de juillet à

Novembre, et l'étiage très prononcé de Décembre à Avril. Le barrage de Nangbéto permet de régulariser le débit à l'aval de la retenue grâce aux lâchures à un niveau d'environ 50 m^3/s. Cependant, les lâchés du barrage de Nangbéto provoquent des inondations dans la basse vallée. Le débit moyen annuel du fleuve Mono est de l'ordre de 101 m^3/s à la station d'Athiémé, soit un volume moyen annuel écoulé d'environ 3.185 millions de m^3 par an. Le Mono en aval de Nangbéto reste toujours permanent par contre il s'assèche en amont à certains points (CEB, 1998).

1.1.7 Environnement socio-économique

La population du bassin du Mono est estimée du coté togolais à 1.510.000 habitants en 2003 (UNESCO, 2008) et du coté béninois à 580.436 habitants en 2002 (UNESCO, 2008). Les principales ethnies représentées dans le bassin sont les Adja, Aïzo, Fons, Pédah, Plah, Toffinou, Ewe, Watchi, Mina, Kéta, Haoussa, Xwla, Kotafon, Nagot, Sahouè, Tchi, Kabyè et Losso, ainsi que les commerçants Yoruba, Dendi, et les Bariba (UNESCO, 2008).

L'économie est basée sur les activités comme agriculture, élevage, pêche, exploitation forestière, chasse, industrie extractive, industrie manufacturière, production d'électricité et eau, transport, commerces, finances et autres services.

Les principales cultures vivrières sont : le manioc, le maïs, le sorgho, le mil, l'igname, le riz, le voandzou et le haricot. Les principaux produits de rentes sont les plantations de palmiers à huile et le coton. Le maraîchage aussi, fait parti des formes de cultures pratiquées dans la zone.

Sur le plan sanitaire, les maladies qui sont fréquentes dans le bassin sont le paludisme, l'onchocercose, la bancroftose, la bilharziose, l'ulcère de buruli et autres maladies liées à l'eau (UNESCO, 2008).

1.2 Présentation du site du barrage de Nangbéto

1.2.1 Localisation

Le site se trouve dans la Région des Plateaux, à 40 km d'Atakpamé et se situe à la latitude 7°26' N et 1°25' E de longitude, puis à une altitude de 136,70 m. Il assure la production de l'électricité pour le Bénin et le Togo. Le remplissage du barrage a débuté le 1er juillet 1987 (CEB, 1991).

1.2.2 Caractéristiques techniques du barrage hydroélectrique de Nangbéto

Les caractéristiques de l'ouvrage sont résumées dans le tableau n°1.

1.2.3 Géomorphologie et relief

Le site de Nangbéto est situé sur les roches métamorphiques (roches calcoalcalines, diorites et andésites) du socle cristallin dahoméen d'âge précambrien qui est replié et redressé à une inclinaison de 70° en moyenne vers l'Est. La morphologie de la vallée est très classique à cet endroit. La digue principale du barrage est construite entre 2 filons de quartz (Electrowatt-Sogreah, 1983).

Source : Cliché n°1, K. G. YATTA, Avril 2011

Figure 2 : Barrage de Nangbéto (amont du barrage)

Tableau 1 : Caractéristiques du barrage de Nangbéto

Hydrologie	
Aire du bassin versant (km²)	15680
Débit moyen annuel (m³/s)	99 ,1
Apport moyen annuel (10^6 m³)	3125
Débit de pointe de la crue (m³/s)	4500
Volume de la crue (10^6 m³)	5500
Crue de dimensionnement millenale (m³/J)	3000
Barrage	
Type	Remblai
Hauteur maximale sur fondation (m)	39
Côte de la crête (m)	147
Puissance installée (MW)	60
Production moyenne annuelle (GWh)	165
Chute nette nominale (m)	30
Réservoir	
Côte de la retenue normale (m)	144
Volume de la retenue normale (10^6 m³)	1715
Aire de la retenue normale (km²)	180
Côte des plus hautes eaux exceptionnelles (m)	146,5
Côte du radier des prises d'eau de l'usine (m)	118
Niveau minimal d'exploitation (m)	130
Volume total à niveau 130,00 (10^6 m³)	250
Tranche utile (10^6 m³)	1465

Source : CEB, 1991 ; CEB, 1998

1.2.4 Facteurs climatiques

Le site est dans une zone de transition entre le climat guinéen et soudanien. La pluviométrie annuelle à Nangbéto, oscille autour de 1340 mm. En 1988 et 2010, elle était respectivement de 1490,8 et 1396,4 mm d'eau. Les températures ont varié entre 21 et 36°C en 2010 (UNESCO, 2008).

1.2.5 Pédologie

Les sols ferrugineux tropicaux de texture sablo-argileux de couleur ocre dominent la zone. A certains endroits on note la présence de gravillons à 50 cm de profondeur. On observe des sols bruns eutrophes et quelques vertisols dans la plaine d'inondation du fleuve Mono (UNESCO, 2008).

1.2.6 Flore et faune

Végétation et flore : La végétation est constituée en majorité de savanes arborées et arbustives. On y note également des forêts riveraines et galeries. De même, les lambeaux de forêts denses sèches font la transition entre les savanes, les forêts riveraines et les forêts galeries. On y retrouve plus de 45 espèces de plantes dont *Pterocarpus santalinoides, Cynometra megalophylla, Lonchocarpus sericeus, Ceiba pentandra, Diospyros mespiliformis, Shrankia leptocarpa, Cola grandifolia, etc.* (CEB, 1998).

Faune : L'inventaire de la faune sur le site de Nangbéto a révélé 17 espèces dans la classe des mammifères, 46 espèces dans la classe des oiseaux, 19 espèces dans la classe des reptiles, 23 espèces dans la Super classe des poissons, plus de 76 espèces dans la classe des insectes, 11 espèces dans la classe des arachnides, 12 espèces dans la classe des gastéropodes et 2 espèces dans la classe des Lamellibranches (Salami et al., 1987). Notons quelques exemples d'espèces de poissons retrouvées dans le barrage de Nangbéto : *Alestes macrolepidotus, Hepsetus odoe, Tilapia galileus, Tilapia zilli, Hemichromis fasciatus, etc.* (Salami et *al.*, 1987).

1.2.7 Environnement socio-économique

D'après l'UNESCO (2008), le barrage et le réservoir ont fait déplacer 34 villages soit à peu près 10.600 habitants. On retrouve dans la zone, les Kabyè, les Adja, les Mahi, les Nagot, les Ana (Ifè) et les Lokpa. On note aussi la présence de pêcheurs Maliens, Burkinabés, Nigériens et Ghanéens (UNESCO, 2008).

Les activités réalisées dans la zone sont l'agriculture, la pêche, l'élevage, la récolte du bois de feu, la fabrication du charbon et le ramassage des fruits. Les principales cultures vivrières sont : le maïs, le sorgho, le manioc, l'igname et l'arachide. Le coton constitue la principale culture de rente. Il y a aussi le maraîchage comme culture de contre saison (UNESCO, 2008).

Les maladies fréquentes dans la région sont le paludisme, l'onchocercose, la bilharziose, le choléra, la fièvre typhoïde, et autre maladie liée à l'eau (UNESCO, 2008).

1.3 Généralités sur les métaux lourds

1.3.1 Définition

Dans la convention de Genève de 1998, le terme ''métaux lourds'' est consacré aux métaux qui ont une mase volumique supérieure à $5g/cm^3$ (Miquel, 2001). Toutefois, les définitions des métaux lourds sont multiples et variées. Elles dépendent du contexte dans lequel on se situe et de l'objectif de l'étude à réaliser.

D'un point de vue purement scientifique et technique, les métaux lourds peuvent être également définis comme :

- Tout métal ayant une densité supérieure à 5
- Tout métal ayant un numéro atomique (Z) élevé, en général supérieur à celui du sodium (Z= 11),
- Tout métal pouvant être toxique pour les systèmes biologiques.

Certains chercheurs utilisent des définitions plus spécifiques encore. Le géologue, par exemple, considérera comme métal lourd tout métal réagissant avec la pyrimidine (C_6H_5N). (Guedenon, 2008).

1.3.2 Sources d'émission et propagation des métaux lourds.

Les métaux lourds sont présents dans l'eau, l'air et le sol. Comme tous les minerais, ceux-ci se retrouvent dans les roches. Leur source d'émission est naturelle ou anthropique. Le tableau n°2 présente quelques exemples de sources industrielles et agricoles d'où peuvent provenir les métaux présents dans l'environnement (Tchaou, 2009).

L'activité humaine, même si elle ne produit pas de métaux lourds, participe à leur diffusion dans l'environnement. En effet, les activités industrielles ont considérablement contribué à la propagation de ces métaux. L'industrie a souvent privilégié les sites à proximité des fleuves pour trois raisons : le transport de matières premières, l'alimentation en eau qui permet de refroidir les installations, les possibilités de rejets des effluents industriels. Pendant des dizaines d'années, les fleuves ont reçu des rejets industriels et des eaux résiduaires industrielles, déchets liquides résultant de l'extraction ou de la transformation de matières premières et de toutes les formes d'activité de production. Tout ceci a augmenté la contamination des cours d'eau par les métaux lourds (Tchaou, 2009).

Tableau 2: **Sources industrielles et agricoles des métaux présents dans l'environnement**

Utilisations	Symboles des métaux
Batteries et autres appareils électriques	Cd, Hg, Pb, Zn, Mn, Ni
Pigments et peintures	Ti, Cd, Hg, Pb, Zn, Mn, Sn, Cr, Al, As, Cu, Fe
Alliages et soudures	Cd, As, Pb, Zn, Mn, Sn, Ni, Cu
Biocides (pesticides, herbicides, conservateurs)	As, Hg, Pb, Zn, Cu, Sn, Mn
Engrais	Cd, Hg, Pb, Al, As, Cr, Cu, Mn, Ni, Zn
Matières plastiques	Cd, Sn, Pb
Produits dentaires et cosmétiques	Sn, Hg
Raffineries	Ni, V, Pb, Fe, Mn, Zn,
Carburants	Ni, Hg, Cu, Fe, Mn, Pb, Cd

Source : Spin (1997)

1.3.3 Toxicité de certains métaux lourds

❖ *Toxicité du cadmium*

Une grande quantité de cadmium est libéré dans l'environnement de façon naturelle. Environ 25 000 tonnes de cadmium sont libérées par an. Environ la moitié de ce cadmium est libérée dans les rivières, lors de l'usure de la roche et dans l'air lors des feux de forêts et par l'activité des volcans. Le reste du cadmium relâché provient des activités humaines. (Encarta, 2009). L'absorption du cadmium, se fait essentiellement par la nourriture. Les aliments riches en cadmium, peuvent augmenter de façon importante les concentrations en cadmium du corps humain. (Edorh et *al.*, 2004). Dans l'organisme, le sang transporte le cadmium à travers tous ses compartiments. Les effets du cadmium augmentent ainsi du fait de l'alimentation riche en cadmium. Toutefois d'autres expositions importantes peuvent se produire chez les personnes qui vivent près des sites des déchets dangereux ou des usines qui relâchent du cadmium dans l'air. C'est le cas des industries de raffinage des métaux. La respiration du cadmium, peut conduire à endommager les poumons ; ce qui peut entrainer la mort. Globalement, que ce soit par l'alimentation ou la respiration, la toxicité du cadmium n'est pas à négliger. Le cadmium est d'abord transporté jusqu' au foie par le sang. Là, il se lie aux protéines pour former des complexes qui sont transportés jusqu'aux reins. Le cadmium s'accumule dans les reins, où il endommage les mécanismes de filtration. Cela entraîne l'excrétion de protéines essentielles et du sucre hors de l'organisme et d'autres dommages aux reins. Il faut beaucoup de temps pour que le cadmium qui s'est accumulé dans les reins soit éliminé de l'organisme. Les autres problèmes que le cadmium peut provoquer sont entre autres les diarrhées, les douleurs d'estomac, les vomissements importants, les fractures des os, les échecs de reproduction, les problèmes du système nerveux central, les problèmes au niveau du système immunitaire, les troubles psychologiques et probablement une altération de l'ADN ou un développement de cancer (Tchaou, 2009).

❖ *Toxicité du plomb*

Le plomb est présent naturellement dans l'environnement. Cependant, la plupart des concentrations en plomb que l'on trouve dans l'environnement sont les résultats des activités humaines. A cause de l'utilisation de plomb dans l'essence, un cycle non naturel de plomb a été créé. Le plomb est brûlé dans les moteurs des voitures, ce qui crée des sels de plomb (chlorures, bromures, oxydes). Ces sels de plomb pénètrent dans l'environnement par l'intermédiaire des gaz d'échappement des voitures. Les particules les plus grandes retombent au sol immédiatement et polluent les sols ou les eaux de surface, les particules plus petites parcourent de longues distances dans l'air et reste dans l'atmosphère. Une partie de ce plomb retombe sur terre lorsqu'il pleut. Ce cycle du plomb provoqué par les productions de l'homme est beaucoup plus étendu que le cycle naturel du plomb. (Guedenon, 2008). De ce fait la pollution au plomb est un problème mondial. Le plomb est un produit chimique particulièrement dangereux car il peut s'accumuler dans des organismes individuels, mais aussi dans la chaîne alimentaire toute entière. Pour ce que l'on en sait, le plomb n'effectue aucune fonction essentielle dans le corps humain ; il a seulement des effets nocifs. (Wikipedia, 2009). Ainsi, le plomb peut avoir plusieurs effets indésirables, tels que la perturbation de la biosynthèse de l'hémoglobine et l'anémie, l'augmentation de la pression artérielle, les problèmes aux reins, les fausses couches, les perturbations du système nerveux, les dommages au cerveau, le déclin de la fertilité des hommes (problèmes au niveau du sperme). Chez les enfants, on note souvent des perturbations de leurs comportements : agressivité, comportement impulsif, hyperactivité. Le plomb peut aussi entrer dans le fœtus par l'intermédiaire du placenta de la mère et de l'enfant à naître (Tchaou, 2009).

❖ *Toxicité du nickel*

Le nickel est relâché dans l'air par les centrales et les incinérateurs de déchets. Ensuite, il se dépose sur les sols où retombe après réaction avec l'eau de pluie. Il faut en général un certain temps pour éliminer le nickel de l'air. Le nickel peut aussi finir dans les eaux de surfaces quand, il est présent dans les eaux usées. Pour les animaux, le nickel est un aliment essentiel en petite quantité, mais il peut être dangereux lorsqu'on dépasse les quantités maximales tolérées (Edorh et *al*., 2004). Il peut provoquer des risques pour la santé. Ainsi, l'absorption de quantités trop importantes de nickel peut avoir les conséquences telles que la tendance à développer un cancer des poumons, du larynx et de la prostate. Les nausées, les vomissements et vertiges sont possibles après une exposition au gaz. Les embolies pulmonaires, les échecs respiratoires, les échecs de naissance, l'asthme et les bronchites chroniques, les réactions allergiques telles que des éruptions cutanées ainsi que les problèmes cardiaques sont des conséquences liées à la toxicité du nickel (Encarta, 2009).

❖ *Toxicité du cuivre*

Le cuivre peut être relâché dans l'environnement par des sources naturelles et par les activités humaines. On peut citer quelques exemples de sources naturelles : poussières soufflées par le vent, pourrissement de la végétation, feu de forêt, et dispersion de gouttelettes d'eau de mer. Quelques exemples d'activités humaines contribuant à la dispersion du cuivre ont déjà été donnés. On peut citer d'autres exemples : l'exploitation minière, la production de métaux, la production de bois et la production de fertilisants aux phosphates. Comme le cuivre est dispersé à la fois par des procédés naturels et humains, il est très énormément diffusé dans l'environnement. On le trouve souvent près des mines, des installations industrielles, des décharges et des broyeurs d'ordures. Une exposition au cuivre à long terme peut provoquer une irritation au nez, à la bouche et aux yeux. Elle peut être également à l'origine des maux de tête, des maux d'estomac, des vertiges, des vomissements et des diarrhées. La prise de fortes doses de cuivre peut provoquer des dommages aux reins et au foie et même la mort (Encarta, 2009).

En définitive, nous retenons que la plupart des métaux lourds sont des éléments chimiques particulièrement dangereux car ils peuvent s'accumuler non seulement dans des organismes de façon individuelle mais aussi dans la chaîne alimentaire toute entière. C'est ce qu'on appelle la bioaccumulation.

1.3.4 Bioaccumulation des métaux lourds

Les métaux lourds contenus dans notre environnement (eau, air, sols) peuvent, par des cycles parfois complexes, se retrouver dans une étape végétale de notre chaîne alimentaire et entrainer une contamination de l'homme par voie orale. Toutefois, un simple passage passif dans notre chaîne alimentaire aurait un impact limité, sans l'existence d'un phénomène très particulier pour les métaux lourds qui est la bioaccumulation (Spin, 1997).

La bioaccumulation est un phénomène qui s'observe chez les métaux lourds. Elle est également mise en évidence chez d'autres composés chimiques. Elle a pour conséquence une concentration en polluant dans un organisme vivant, supérieure à la concentration de ce polluant dans le biotope de l'organisme (Tomety, 2007). Au- delà de cette définition qui sert à comprendre l'utilité des bio-indicateurs (organismes vivants dont la contamination est révélatrice de la pollution du biotope), dans le cas des métaux lourds, c'est la bioaccumulation qui se transmet tout au long de la chaîne alimentaire qui explique que l'homme puisse être exposé à des quantités dangereuses de métaux lourds par son alimentation. Cette bioaccumulation est le fait des êtres vivants qui peuvent être végétaux ou animaux. Pour tous les métaux lourds, il est possible de retrouver une plante ou un animal appartenant à la chaîne alimentaire de l'homme qui sert d'accumulateur vivant de métaux lourds (Spin, 1997). A l'inverse, il existe très peu d'espèces capables d'éliminer efficacement ces métaux lourds de la chaîne alimentaire. Par conséquent, lorsqu'un bio-accumulateur de métaux lourds apparaît dans la chaîne alimentaire, ses effets sur la teneur finale dans les aliments se poursuivent jusqu'à l'homme (lorsqu'il n'ya pas intervention de plusieurs bio-accumulateurs, ce qui est souvent le cas). Si à cela, on ajoute le fait que l'homme lui-même ne possède pas de métabolisme efficace susceptible d'éliminer les métaux lourds, on comprend comment peut survenir la toxicité chez ce dernier qui devient lui-même un bio-accumulateur (Guedenon, 2008).

1.4 Études antérieures relatives à l'évaluation de la qualité physico-chimique et bactériologique de l'eau.

1.4.1 Études réalisées dans le bassin du fleuve Mono.

Très peu d'études à notre connaissance sur la qualité de l'eau dans le bassin du fleuve Mono, ont été réalisées jusqu'à nos jours. En effet, certaines études très anciennes ont tout simplement apprécié la qualité de l'eau.

Des mesures sur les variations verticales de la qualité de l'eau en 1983 dans le barrage de Nangbéto ont mis en évidence une stratification de la masse d'eau en fin de période d'étiage avec la présence d'une couche profonde d'une hauteur d'environ 10 m et de qualité homogène : pH acide (6,8), chargée en minéraux dissous (160 à 190 µs /cm) et peu oxygénée (1 à 2 mg/l). Une autre étude a permis de constater que la qualité des eaux de la couche profonde s'est améliorée en 1992 (COB-EDF, 1998).

En outre, Tchaou (2009) a effectué des études sur l'évaluation de la pollution par les métaux lourds des poissons du barrage de Nangbéto. Les résultats ont révélé une contamination de plusieurs espèces de ces poissons par des métaux lourds. En effet, on a retrouvé des métaux lourds tels que le cuivre, le cadmium, le plomb et le Nickel à des teneurs élevées dans la chair de chaque espèce de poissons. Ceci montre le risque encouru par les consommateurs de ces produits et la dégradation possible de la qualité de l'eau de la retenue.

D'après la CEB (1998), une étude sur la recherche des végétaux aquatiques flottants, effectuée notamment sur la base de visites approfondies du barrage de Nangbéto a donné des résultats négatifs. Cependant, la jacinthe d'eau aurait été observée sur la retenue Togotex de l'Amoutchou, vers la fin des années 1990. La société payait un piroguier pour en débarrasser le plan d'eau. C'est probable que le fleuve Mono en aval de Nangbéto est menacé par l'envahissement de cette plante.

1.4.2 Autre étude sur l'évaluation de la qualité physicochimique d'un lac.

Ameyapoh et *al*., (2005), ont étudié l'impact des contaminations microbienne et chimique de la lagune de Lomé sur la qualité des poissons péchés dans ces eaux ; sur des échantillons d'eau (28) et de poissons (58), le dénombrement des germes de contaminations fécales et pathogènes indique une contamination d'origine fécale des eaux et des poissons analysés ; mais cette contamination est relativement plus élevée pour le lac Central que pour le lac Est. La contamination des poissons par le plomb, le cuivre et le zinc traduit l'effet des activités urbaines (eaux de ruissellement, rejet des ordures) sur la lagune. Des risques de toxi-infections alimentaires peuvent donc être envisagés.

D'après Kpiagou (2008), les poissons du système lagunaire de Lomé sont contaminés par les métaux lourds. En effet, ses recherches sur l'«Evaluation et effets de la bioaccumulation des métaux lourds dans les poissons du système lagunaire de Lomé », ont montré que la chair de ces poissons est contaminée par le cadmium, le plomb, le cuivre et le nickel. La teneur en plomb était en moyenne (7,41 mg/kg).

1.4.3 Définitions de quelques paramètres physico-chimiques pour l'étude d'un lac

Le tableau n°3 présente quelques paramètres physico-chimiques pour l'étude d'un lac.

Tableau 3 : Définitions des paramètres physico-chimiques pour l'étude d'un lac.

Paramètres	Définitions
Température	Permet de connaitre la chaleur du milieu pour les conditions normales de vie
Transparence	Evalue comment le milieu laisse passer la lumière
Turbidité	Evalue la présence ou l'absence de matière en suspension
pH	Evalue la nature acide ou basique du milieu (potentiel d'Hydrogène)
Conductivité électrique	Evalue la richesse du milieu en cations et en anions
Salinité totale	Evalue la quantité de sel dans le milieu
Dureté	Evalue la quantité de calcium et de magnésium dans le milieu
Alcalinité	Evalue la richesse du milieu en produit alcalin
Potentiel redox	Cela permet de voir si le milieu est oxygéné ou pas
Cations majeurs	Calcium, magnésium, sodium, potassium
Anions majeurs	Chlorures, sulfates, nitrates, ortho phosphates
Eléments indésirable	Fer, Manganèse…
Métaux lourds	Cuivre, zinc, plomb, cadmium, cobalt, chrome, mercure, nickel, arsenic …
Eléments toxiques	Cyanures

Source : Bawa, 2010

Chapitre II : Matériel et méthodes

Le chapitre 2 présente le matériel et la méthodologie utilisés dans le cadre de cette étude. Ainsi, les prélèvements ont été faits sur le barrage de Nangbéto, géré par la Communauté Électrique du Bénin (CEB). Des analyses se sont déroulées dans le Laboratoire GTVD[4] de la Faculté des Sciences (FDS) de l'Université de Lomé. D'autres analyses ont été faites au laboratoire de Chimie des Eaux de la FDS. Celles concernant la microbiologie, se sont déroulées dans le laboratoire de microbiologie de l'ESTBA[5] à l'Université de Lomé. Des recherches bibliographiques sur le lac de Nangbéto et le bassin du fleuve Mono ont été effectuées à la CEB.

2.1 Matériel
2.1.1 Matériel de terrain

Pour le terrain, nous avons utilisé des bouteilles (1,5 l) en plastique étiquetées; un appareil photo numérique, des bouteilles stérilisées pour l'évaluation bactériologique et un petit seau muni d'une longue corde pour le prélèvement à distance.

2.1.2 Matériel de laboratoire

Au laboratoire GTVD, nous avons utilisé le matériel de verrerie suivant : les béchers de 250 ml, des bocaux de 125 ml, des pipettes, des pissettes à eau distillée, un entonnoir et du filtre en papier. Le matériel d'appareillage est composé de : (i) deux multimètres : l'un mesure à la fois le pH, la température et le potentiel redox ; le second, mesure la conductivité et la température. (ii) Un spectrophotomètre d'absorption atomique de type Thermo Electron Corporation.S.Series AA Spectrometer.

---

[4] Gestion, Traitement et Valorisation des Déchets.

[5] École Supérieure des Techniques Biologiques et Alimentaires.

2.2 Méthodologie de l'étude

La méthodologie adoptée pour l'évaluation de la qualité de l'eau est la suivante : dans un premier temps, un travail de terrain a été fait pour des prélèvements et des enquêtes ; ensuite dans un second temps, nous avons effectué des analyses aux laboratoires.

2.2.1 Échantillonnage

Choix des points de prélèvements : Cinq (5) prélèvements ont été faits en amont le long des digues. En effet, les matières en suspension charriées par les cours d'eau, se concentrent de l'amont à l'aval et surtout dans les endroits profonds du lac. Ce qui explique le prélèvement au niveau de la digue principale où la profondeur est importante. Deux (2) prélèvements ont été faits en aval et un (1) au niveau des fuites d'eau en aval (résurgence rive droite 6) après que l'eau ait traversé l'enrochement de construction des digues. Les points de prélèvement sur la retenue sont indiqués sur la figure n°3. Pour l'eau potable, nous avons fait cinq (5) prélèvements au total : bac de décantation (P9) ; bac d'eau potable (P10) ; cité A (P11) ; cité B (P12) et fontaine publique (P13).

Protocole de prélèvement : Les travaux de terrain se sont déroulés du 06 au 08 Avril 2011 pendant la période d'étiage du fleuve Mono. Nous nous sommes rendus sur le site le 06 Avril pour prendre contact avec les responsables. Dans la journée du 07 Avril, nous avons fait la visite des lieux afin de repérer quelques sources probables de pollution et d'identifier les points de prélèvement possible. Les prélèvements ont eu lieu dans la matinée du 08 Avril entre 05H30 et 09H00. Au niveau du barrage, l'eau a été prélevée à la surface, sauf au point P5 où elle a été prélevée à une grande profondeur grâce à la pompe qui a servi à puiser l'eau brute pour la station de potabilisation. Avant de faire le prélèvement, chaque bouteille a été rincée plusieurs fois avec l'eau du barrage au niveau de chaque point, avant d'y introduire rapidement l'eau prélevée pour empêcher l'air d'y entrer ; ensuite, la bouteille est rapidement refermée. Le même processus a été adopté pour faire les prélèvements au niveau des bacs et robinets de la station de potabilisation. Les prélèvements pour l'évaluation microbiologique ont été conservés dans une glacière à 4°C avec des agents réfrigérants. Tous les prélèvements ont été ramenés le même jour au laboratoire pour être analysés.

2.2.2 Analyses au laboratoire

Au laboratoire GTVD, l'étalonnage des multimètres nous avons mesuré la température, le potentiel redox après, la conductivité et le pH. Après la filtration des eaux troubles, une goutte d'acide nitrique a été ajoutée dans chaque filtrat pour être conservé au réfrigérateur avant les analyses. Après l'étalonnage du spectrophotomètre, on a dosé les cations majeurs, les métaux lourds (le fer, le plomb, le nickel, le cadmium, le zinc, le chrome) et l'arsenic qui est un métalloïde.

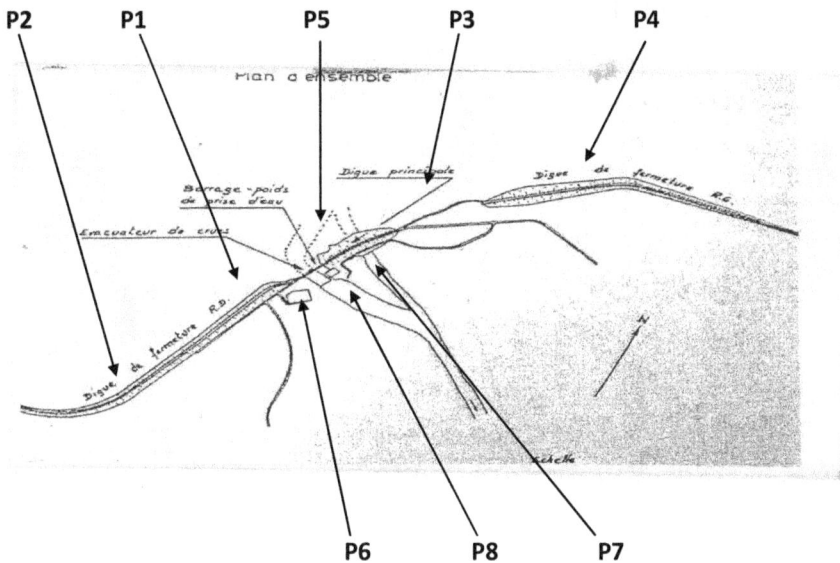

Source: CEB, 1991

Figure 3 : Description des points de prélèvement Pn (n∈ {1 ; 2 ;...8}) sur le lac

Les anions majeurs (les sulfates, les nitrates et les phosphates) et la turbidité ont été dosés au laboratoire de Chimie des Eaux de la FDS. Le dosage des sulfates a été réalisé par la méthode néphélométrique. Les dosages des nitrates et des phosphates ont été effectués par la méthode spectrophotométrique d'absorption moléculaire. Et enfin, la méthode qui a servi à doser la turbidité est basée sur le principe de l'effet Tyndall (Amegantsega, 2008).

Les paramètres bactériologiques ont été analysés par le laboratoire de microbiologie de l'ESTBA. Les germes recherchés sont les salmonelles, le vibrio, les anaérobies sulfuto réducteurs (ASR), les coliformes thermotolérants, les coliformes totaux et les germes totaux. Les prélèvements testés pour ces paramètres sont ceux du P5 (amont) et P7 (aval).

Après les analyses, les résultats obtenus ont été comparés aux normes de l'Organisation Mondiale de la Santé (OMS) (WHO, 1998). Aussi, nous avons utilisé la grille d'évaluation du SEQ-Eau (Système d'Evaluation de la Qualité de l'Eau), version 2, pour évaluer la classe d'appartenance de l'eau du barrage de Nangbéto.

2.3 Méthode de potabilisation de l'eau à la station de la CEB

L'eau brute est pompée en amont du barrage au niveau de la prise d'eau (P5) puis stockée dans un bac. Cette eau passe ensuite dans un bac de décantation où elle est traitée avec du sulfates d'alumine. Après la décantation, elle passe au niveau des filtres à sable pour être filtrée. Ensuite elle subit un traitement à l'hypochlorite de calcium dans le bac d'eau potable avant d'être renvoyée dans les tuyaux d'adduction d'eau potable.

Source : Cliché n°2, K. G. YATTA, Avril 2011

Figure 4 : Station de potabilisation de l'eau à Nangbéto.

Source : Cliché n°3, K. G. YATTA, Avril 2011

Figure 5 : Fontaine d'eau publique pour la population d'Agnigbanvo (village de Nangbéto).

Chapitre III : Résultats

Le présent chapitre, fait le point des résultats des analyses de laboratoire et du terrain. Nous avons présenté d'abord la synthèse des résultats obtenus, ensuite nous avons procédé à l'analyse de chaque résultat en tenant compte des normes de l'OMS. Enfin, nous avons évalué la classe d'appartenance de l'eau du barrage de Nangbéto suivant la grille d'évaluation SEQ-EAU version 2

3.1 Synthèse des résultats

Le tableau n°4 présente l'ensemble des résultats obtenus après les analyses aux laboratoires. Ainsi, dans le tableau, les annotations ''En'' (n ϵ {1 ; 2 ;...13}) représentent les numéros des échantillons d'eau prélevée. Les annotations ''< x'' (x ϵ IR) représentent les limites de détection de l'appareil utilisé pour faire le dosage au laboratoire.

<u>Tableau 4</u> : Synthèse des résultats

<u>Source</u> : établi par l'auteur sur la base des résultats de l'étude

Echantillons	E1	E2	E3	E4	E5	E6	E7	E8	E9	E10	E11	E12	E13
Localisation	Digue Principale (amont)	Rive droite (amont)	Rive gauche (amont)	Rive gauche (amont)	Bac eau brute (amont)	R.D. 3 (aval)	Lit du Mono (aval)	Eau turbinée (aval)	Bac de décantation	Bac eau potable	Robinet cité A	Robinet cité B	Fontaine publique
Date	08/04/11	08/04/11	08/04/11	08/04/11	08/04/11	08/04/11	08/04/11	08/04/11	08/04/11	08/04/11	08/04/11	08/04/11	08/04/11
Heures	06H00	06H10	06H30	06H40	07H50	06H55	07H05	07H20	08H00	08H10	05H40	08H30	08H40
Température (°C)	28.1	28.3	28.2	28.1	28.2	28.2	28.2	27.9	27.9	27.7	27.1	26.9	27.5
Turbidité- NTU	2.5	-	-	2.3	32.5	-	8.6	9.4	-	2.3	-	-	4
pH	6.82	7.01	7.22	7.00	6.73	7.77	6.87	6.68	6.09	6.26	6.40	6.26	6.43
Conductivité (µs / cm)	100.9	100.8	100.7	100.7	107.8	590	120.5	109.0	130	150.4	151.5	149.9	149.9
Potentiel redox (mV)	-21	-32	-43	-32	-15	-71	-23	-12	25	14	5	14	4
Sulfates (mg/l)	3.9	-	-	<1.0	5.8	-	<1.0	5.8	-	41.9	-	-	-
Nitrates (mg/l)	<0.5	-	-	<0.5	2.9	-	<0.5	<0.5	-	<0.5	-	-	-
Phosphates (mg/l)	<0.2	-	-	<0.2	<0.2	-	<0.2	<0.2	-	<0.2	-	-	-
Calcium (mg/l)	9.02	8.59	9.15	8.81	13.38	57.83	10.24	8.46	8.55	10.98	10.42	10.82	10.42
Magnésium (mg/l)	3.99	3.81	4.17	4.02	4.18	12.04	4.6	4.11	4.36	5.28	5.17	5.48	5.10
Sodium (mg/l)	6.02	6.08	5.89	5.16	6.13	18.17	6.41	6.04	5.95	6.14	5.18	5.06	5.09
Potassium (mg/l)	2.16	1.74	1.81	1.99	1.92	3.22	2.00	2.05	2.03	2.05	2.11	2.04	2.05
Fer (mg/l)	< 0,003	< 0,003	< 0,003	< 0,003	0,20	< 0,003	0,03	0,33	<0,003	<0,003	<0,003	<0,003	<0,003
Cuivre (mg/l)	< 0,001	0,006	8.10^{-4}	< 0,001	0,01	< 0,001	< 0,001	< 0,001	< 0,001	< 0,001	< 0,001	< 0,001	< 0,001
Zinc (mg/l)	$<8.10^{-4}$	$<8.10^{-4}$	$<8.10^{-4}$	$<8.10^{-4}$	$<8.10^{-4}$	$<8.10^{-4}$	$<8.10^{-4}$	$<8.10^{-4}$	$<8.10^{-4}$	$<8.10^{-4}$	$<8.10^{-4}$	$<8.10^{-4}$	$<8.10^{-4}$
Plomb (mg/l)	< 0,01	<0,01	< 0,01	< 0,01	< 0,01	< 0,01	< 0,01	<0,01	< 0,01	< 0,01	< 0,01	< 0,01	< 0,01
Cadmium (mg/l)	$< 5.10^{-4}$	$< 5.10^{-4}$	$< 5.10^{-4}$	$<5.10^{-4}$	$< 5.10^{-4}$	$< 5.10^{-4}$	$< 5.10^{-4}$	$< 5.10^{-4}$	$<5.10^{-4}$	$< 5.10^{-4}$	$< 5.10^{-4}$	$< 5.10^{-4}$	$< 5.10^{-4}$

Echantillons	E1	E2	E3	E4	E5	E6	E7	E8	E9	E10	E11	E12	E13
Localisation	Digue Principale (amont)	Rive droite (amont)	Rive gauche (amont)	Rive gauche (amont)	Bac eau brute (amont)	R.D. 3 (aval)	Lit du Mono (aval)	Eau turbinée (aval)	Bac de décantation	Bac eau potable	Robinet cité A	Robinet cité B	Fontaine publique
Date	08/04/11	08/04/11	08/04/11	08/04/11	08/04/11	08/04/11	08/04/11	08/04/11	08/04/11	08/04/11	08/04/11	08/04/11	08/04/11
Heures	06H00	06H10	06H30	06H40	07H50	06H55	07H05	07H20	08H00	08H10	05H40	08H30	08H40
Chrome (mg/l)	< 0.002	< 0.002	< 0.002	< 0.002	0.0025	< 0.002	< 0.002	< 0.002	< 0.002	< 0.002	< 0.002	< 0.002	< 0.002
Nickel (mg/l)	< 0.004	< 0.004	< 0.004	< 0.004	<0.004	< 0.004	< 0.004	< 0.004	< 0.004	<0.004	<0.004	< 0.004	< 0.004
Arsenic (mg/l)	4.63	6.32	2.42	0.33	3.65	12.99	0.72	1.17	5.15	3.36	7.77	3.34	3.87
Germes totaux / ml	-	-	-	-	210	170	-	-	-	-	-	-	-
Coliformes totaux / ml	-	-	-	-	46	20	-	-	-	-	-	-	-
Col. Ther. / ml	-	-	-	-	0	0	-	-	-	-	-	-	-
ASR / ml	-	-	-	-	0	0	-	-	-	-	-	-	-
Vibrio / ml	-	-	-	-	0	0	-	-	-	-	-	-	-
Salmonelles	-	-	-	-	Absence / 25 ml	Absence / 25 ml	-	-	-	-	-	-	-
	-	-	-	-	-	-	-	-	-	-	-	-	-
	-	-	-	-	-	-	-	-	-	-	-	-	-
	-	-	-	-	-	-	-	-	-	-	-	-	-
	-	-	-	-	-	-	-	-	-	-	-	-	-
	-	-	-	-	-	-	-	-	-	-	-	-	-
	-	-	-	-	-	-	-	-	-	-	-	-	-
	-	-	-	-	-	-	-	-	-	-	-	-	-
	-	-	-	-	-	-	-	-	-	-	-	-	-

3.2 Évaluation de la qualité physico-chimique de l'eau du barrage de Nangbéto

3.2.1 Paramètres organoleptiques

De loin, la couleur de l'eau est légèrement verdâtre alors que de près elle est légèrement grisâtre. Elle est sans odeur et sans saveur. Après la potabilisation, cette eau demeure toujours légèrement grisâtre mais la couleur est moins intense par rapport à l'eau du barrage.

3.2.2 Paramètres physico-chimiques

❖ *Cas de la température*

La figure n°6 représente l'évolution de la température en fonction des points de prélèvement, et sa comparaison avec les normes de l'OMS. La courbe représentant l'évolution de la température en fonction des points de prélèvement, a montré que les températures ont varié entre 26,9 et 28,3°C et sont restés sensiblement constante au niveau de l'ensemble des points de prélèvement. Les températures sont donc plus élevées que celle recommandée par l'OMS (25°C).

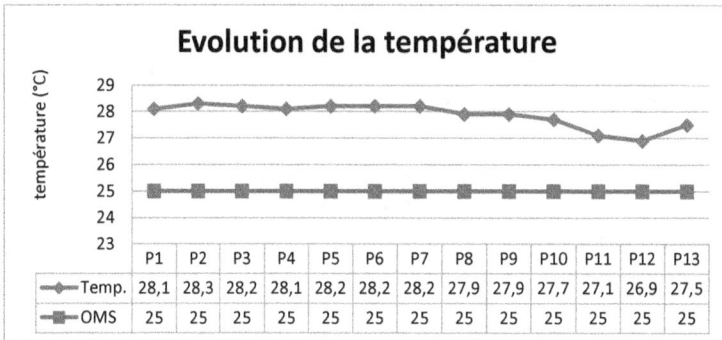

Evolution de la température

	P1	P2	P3	P4	P5	P6	P7	P8	P9	P10	P11	P12	P13
Temp.	28,1	28,3	28,2	28,1	28,2	28,2	28,2	27,9	27,9	27,7	27,1	26,9	27,5
OMS	25	25	25	25	25	25	25	25	25	25	25	25	25

Source : réalisée à partir des résultats des analyses de laboratoire, Avril 2011

Figure 6 : Comparaison de l'évolution de la température (°C) en fonction des points de prélèvement (Pn ; n ∈ {1 ; 2 ;…13}) avec la norme de l'OMS

❖ *Cas de la conductivité électrique*

La figure n°7 représente l'évolution de la conductivité électrique en fonction des points de prélèvement et sa comparaison avec la norme de l'OMS. La courbe exprimant l'évolution de la conductivité en fonction des points de prélèvement a varié entre 100,7 et 590 µs/cm. Cependant, l'allure de la courbe a montré la présence d'un pic au P6 correspondant à la valeur maximale ; avant ce pic, la courbe oscillait autour de 100 µs/cm et après le pic, les valeurs sont remontées vers 150 µs/cm. Ainsi, les valeurs de la conductivité sont très inférieures à la norme de l'OMS au niveau des points de prélèvement sauf au point P6 (590 µs/cm) où elle est plus élevée que la norme de l'OMS (250 µs/cm).

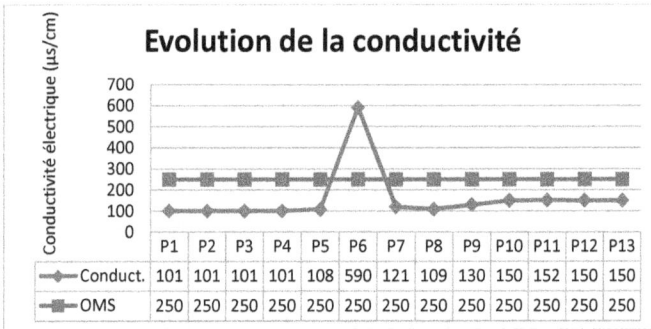

Evolution de la conductivité

	P1	P2	P3	P4	P5	P6	P7	P8	P9	P10	P11	P12	P13
Conduct.	101	101	101	101	108	590	121	109	130	150	152	150	150
OMS	250	250	250	250	250	250	250	250	250	250	250	250	250

Source : réalisée à partir des résultats des analyses de laboratoire, Avril 2011

Figure 7 : Comparaison de l'évolution de la conductivité électrique (µs/cm) en fonction des points de prélèvement (Pn ; n ∈ {1 ; 2 ;…13}) avec la norme de l'OMS.

❖ *Cas du potentiel redox*

La figure n°8 représente l'évolution du potentiel redox en fonction des points de prélèvement. La courbe exprimant l'évolution du potentiel redox en fonction des points de prélèvement a présenté des valeurs négatives de P1 à P8 où le potentiel a varié entre – 71 et – 12 mV. Par contre elle a présenté des valeurs positives de P9 à P13 où le potentiel a varié entre 4 et 25 mV.

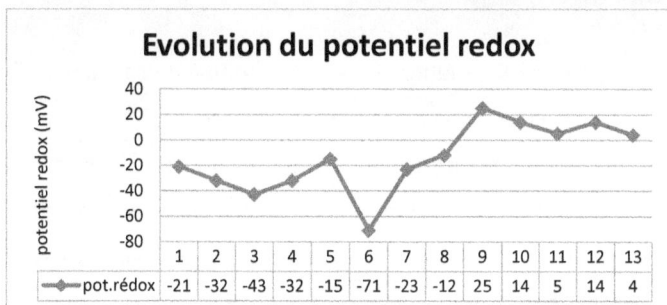

Evolution du potentiel redox

	1	2	3	4	5	6	7	8	9	10	11	12	13
pot.rédox	-21	-32	-43	-32	-15	-71	-23	-12	25	14	5	14	4

Source : réalisée à partir des résultats des analyses de laboratoire, Avril 2011

Figure 8 : Evolution du potentiel redox (mV) en fonction des points de prélèvement (Pn ; n ∈ {1 ; 2 ;…13}).

❖ *Cas du pH*

La figure n°9 représente l'évolution du pH en fonction des points de prélèvement et sa comparaison avec les normes de l'OMS. La courbe traduisant l'évolution du pH en fonction des points de prélèvement, a montré que le pH a varié entre 6,09 et 7,77 et est resté sensiblement constante au niveau de l'ensemble. On remarque que le pH est resté dans le corridor défini par les valeurs maximale (9) et minimale (6,5) de la norme de l'OMS du point P1 au point P8. Le pH est sorti de ce corridor en dessous de la valeur minimale de l'OMS du point P9 au point P13.

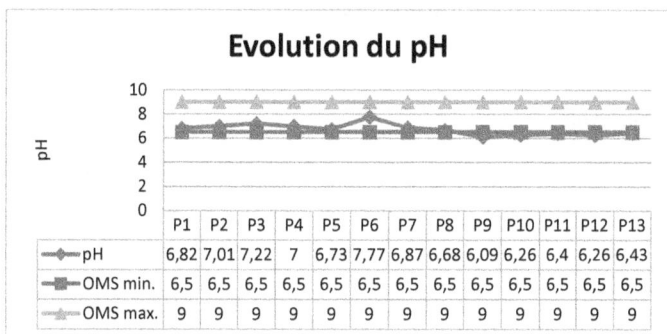

Evolution du pH

	P1	P2	P3	P4	P5	P6	P7	P8	P9	P10	P11	P12	P13
pH	6,82	7,01	7,22	7	6,73	7,77	6,87	6,68	6,09	6,26	6,4	6,26	6,43
OMS min.	6,5	6,5	6,5	6,5	6,5	6,5	6,5	6,5	6,5	6,5	6,5	6,5	6,5
OMS max.	9	9	9	9	9	9	9	9	9	9	9	9	9

Source : réalisée à partir des résultats des analyses de laboratoire, Avril 2011

Figure 9: Comparaison de l'évolution du pH en fonction des points de prélèvement (Pn ; n ∈ {1 ; 2 ;…13}), avec la norme de l'OMS.

❖ *Cas du calcium*

La figure n°10 représente l'évolution de la concentration du calcium en fonction des points de prélèvement et sa comparaison avec la norme de l'OMS. La concentration du calcium en fonction des points de prélèvement a varié entre 8,46 et 57,83 mg/l. La courbe de la concentration du calcium a présenté un pic au P6. Avant et après ces pics, la courbe a pris des valeurs voisines à son minimum. Toutes les valeurs sont en dessous de la norme minimale (32 mg/l) requise par l'OMS sauf au point P6 où la concentration est dans l'intervalle requise par la norme de l'OMS.

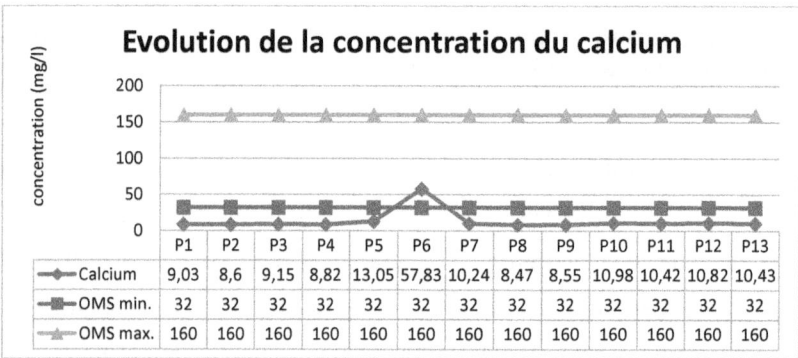

Evolution de la concentration du calcium

	P1	P2	P3	P4	P5	P6	P7	P8	P9	P10	P11	P12	P13
Calcium	9,03	8,6	9,15	8,82	13,05	57,83	10,24	8,47	8,55	10,98	10,42	10,82	10,43
OMS min.	32	32	32	32	32	32	32	32	32	32	32	32	32
OMS max.	160	160	160	160	160	160	160	160	160	160	160	160	160

Source : réalisée à partir des résultats des analyses de laboratoire, Avril 2011

Figure 10 : Comparaison de l'évolution de la concentration du calcium en fonction des points de prélèvement (Pn ; n ∈ {1 ; 2 ;…13}), avec la norme de l'OMS.

❖ *Cas du magnésium*

La figure n°11 représente l'évolution de la concentration du magnésium en fonction des points de prélèvement et sa comparaison avec la norme de l'OMS. La concentration du magnésium en fonction des points de prélèvement a varié entre 3,81 et 12, 04 mg/l. La courbe de la concentration du magnésium a présenté un pic au P6. Avant et après ces pics, la courbe a pris des valeurs voisines à son minimum. Toutes les valeurs sont en dessous de la norme limite requise par l'OMS (50 mg/l).

Evolution de la concentration du magnésium

concentration (mg/l)	P1	P2	P3	P4	P5	P6	P7	P8	P9	P10	P11	P12	P13
Magnésium	4	3,81	4,18	4,03	4,19	12,05	4,61	4,12	4,36	5,29	5,18	5,48	5,1
OMS	50	50	50	50	50	50	50	50	50	50	50	50	50

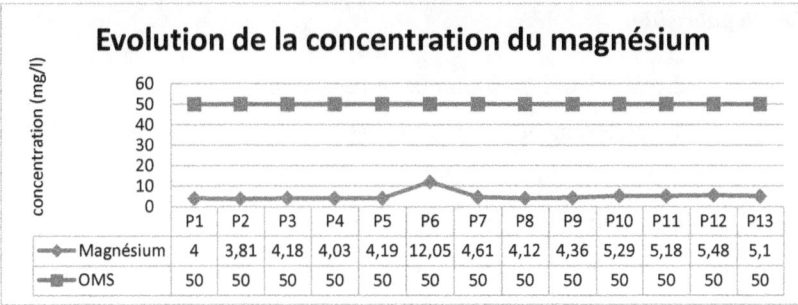

Source : réalisée à partir des résultats des analyses de laboratoire, Avril 2011

Figure 11 : Comparaison de l'évolution de la concentration du magnésium en fonction des points de prélèvement (Pn ; n ϵ {1 ; 2 ;…13}), avec la norme de l'OMS.

❖ *Cas du sodium*

La figure n°12 représente l'évolution de la concentration du sodium en fonction des points de prélèvement et sa comparaison avec la norme de l'OMS. Celle du sodium a varié entre 5,16 et 18,17 mg/l. La courbe de la concentration du sodium a présenté un pic au P6. Avant et après ces pics, la courbe a pris des valeurs voisines à son minimum. Toutes les concentrations sont en dessous de la limite recommandée par l'OMS (200 mg/l).

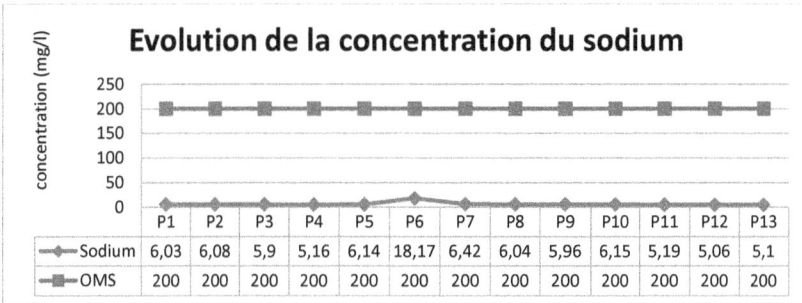

Evolution de la concentration du sodium

concentration (mg/l)	P1	P2	P3	P4	P5	P6	P7	P8	P9	P10	P11	P12	P13
Sodium	6,03	6,08	5,9	5,16	6,14	18,17	6,42	6,04	5,96	6,15	5,19	5,06	5,1
OMS	200	200	200	200	200	200	200	200	200	200	200	200	200

Source : Réalisée à partir des résultats des analyses de laboratoire, Avril 2011

Figure 12: Comparaison de l'évolution de la concentration du sodium en fonction des points de prélèvement (Pn ; n ϵ {1 ; 2 ;…13}), avec la norme de l'OMS.

❖ *Cas du potassium*

La figure n°8 représente l'évolution de la concentration du potassium en fonction des points de prélèvement et sa comparaison avec la norme de l'OMS. La concentration du potassium a varié entre 1,74 et 3,22 mg/l. La courbe de la concentration du potassium a présenté un pic au P6. Avant et après ces pics, la courbe a pris des valeurs voisines à son minimum. Toutes les concentrations sont en dessous de la limite recommandée par l'OMS (12 mg/l).

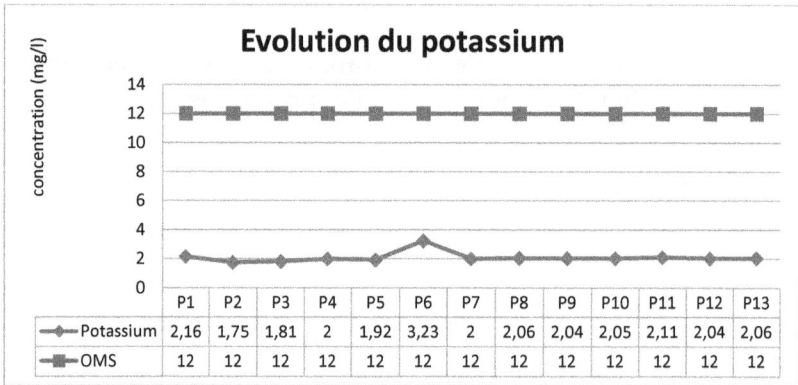

Evolution du potassium

	P1	P2	P3	P4	P5	P6	P7	P8	P9	P10	P11	P12	P13
Potassium	2,16	1,75	1,81	2	1,92	3,23	2	2,06	2,04	2,05	2,11	2,04	2,06
OMS	12	12	12	12	12	12	12	12	12	12	12	12	12

Source : réalisée à partir des résultats des analyses de laboratoire, Avril 2011

Figure 13 : **Comparaison de l'évolution de la concentration du potassium en fonction des points de prélèvement (Pn ; n ∈ {1 ; 2 ;…13}), avec la norme de l'OMS**.

❖ *Cas des anions majeurs et turbidité*

Le tableau n°5 présente l'évolution des concentrations des sulfates, des nitrates, des phosphates et la turbidité en fonction de quelques points de prélèvement (P1, P4, P5, P7, P8, P10). Le dosage des anions majeurs a montré que les nitrates sont présents au P5 (2,9 mg/l). Les sulfates sont présents aux P1 (3,9 mg/l), P5 (5,8 mg/l), P8 (5,8 mg/l) et P10 (41,9 mg/l). Les phosphates sont absents dans les échantillons testés. Les concentrations des nitrates et sulfates sont largement inférieures aux concentrations limites recommandées par l'OMS.

La turbidité en fonction des points de prélèvement testés a varié entre 2,3 (P10) et 32,5 (P5). Elle est plus élevée que celle recommandée par l'OMS qui est 2. Par ailleurs, un début d'eutrophisation (figure 14) est observé au niveau de la retenue en période d'étiage et les études réalisées par COB-EDF en 1998[6] ont montré ce phénomène.

Tableau 5: Comparaison de l'évolution des concentrations de sulfates, des nitrates, des phosphates et la turbidité en fonction des points de prélèvement (Pn ; n $\in$ {1 ; 2 ;…13}), avec les normes de l'OMS.

	P1	P4	P5	P7	P8	P10	Normes	-
Sulfates (mg/l)	3.9	<1.0	5.8	<1.0	5.8	41.9	250	
Nitrates (mg/l)	<0.5	<0.5	2.9	<0.5	<0.5	<0.5	50	
Phosphates (mg/l)	<0.2	<0.2	<0.2	<0.2	<0.2	<0.2	1	
Turbidité - NTU	2.5	2.3	32.5	8.6	9.4	2.3	2	

Source : réalisée à partir des résultats des analyses de laboratoire, Avril 2011

Source : Clichés n°4 et n°5, K. G. YATTA, Avril 2011
Figures 14 : proliférations de micros algues sur les berges du lac de Nangbéto

❖ *Cas des métaux lourds*
Le tableau n°6 présente la comparaison de l'évolution des concentrations des métaux lourds avec les normes de l'OMS. Les résultats des analyses du dosage des métaux lourds (fer, cuivre, zinc, plomb, cadmium, chrome, nickel,) ont révélé des valeurs à

---

[6] Voir bibliographie, COB-EDF, 1998

l'état de traces dans les échantillons. Ainsi, hormis les valeurs inférieures à la limite de détection, nous avons retrouvé des traces de chrome au P5 (0,0025 mg/l), de fer au P5 (0,2059 mg/l), au P7 (0,0310 mg/l) et au P8 (0,3360 mg/l), de cuivre au P3 (0,008 mg/l), au P2 (0,0063 mg/l) et au P5 (0,0117 mg/l). Les concentrations dosées sont toutes inférieures aux normes de l'OMS.

Tableau 6 : Comparaison de l'évolution des concentrations des métaux lourds suivant les points de prélèvement (Pn ; n $\in$ {1 ; 2 ;...13}), avec les normes de l'OMS.

	P1	P2	P3	P4	P5	P6	P7
Fer (mg/l)	<0.003	<0.003	<0.003	<0.003	0.2059	<0.003	0.031
Cuivre (mg/l)	<0.001	0.0063	0.008	<0.001	0.0117	<0.001	<0.001
Zinc (mg/l)	<0.0008	<0.0008	<0.0008	<0.0008	<0.0008	<0.0008	<0.0008
Plomb (mg/l)	<0.01	<0.01	<0.01	<0.01	<0.01	<0.01	<0.01
Cadmium (mg/l)	<0.0005	<0.0005	<0.0005	<0.0005	<0.0005	<0.0005	<0.0005
Chrome (mg/l)	<0.002	<0.002	<0.002	<0.002	0.0025	<0.002	<0.002
Nickel (mg/l)	<0.004	<0.004	<0.004	<0.004	<0.004	<0.004	<0.004

	P8	P9	P10	P11	P12	P13	Normes-
Fer (mg/l)	0.336	<0.003	<0.003	<0.003	<0.003	<0.003	-
Cuivre (mg/l)	<0.001	<0.001	<0.001	<0.001	<0.001	<0.001	1-2
Zinc (mg/l)	<0.0008	<0.0008	<0.0008	<0.0008	<0.0008	<0.0008	0.3
Plomb (mg/l)	<0.01	<0.01	<0.01	<0.01	<0.01	<0.01	0.01
Cadmium (mg/l)	<0.0005	<0.0005	<0.0005	<0.0005	<0.0005	<0.0005	0.01-0.005
Chrome (mg/l)	<0.002	<0.002	<0.002	<0.002	<0.002	<0.002	0.05
Nickel (mg/l)	<0.004	<0.004	<0.004	<0.004	<0.004	<0.004	0.02-0.07

Source : réalisée à partir des résultats des analyses de laboratoire, Avril 2011

❖ *Cas de l'arsenic*

La figure n°15 présente l'évolution de la concentration de l'arsenic au niveau des points de prélèvement. Ainsi, la courbe représentant l'évolution de la concentration de l'arsenic en fonction des points de prélèvement a oscillé autour de 4 mg/l. Elle admet plusieurs maxima relatifs (P2 (6.32 mg/l) P6 (12,9 mg/l) P9 (5,15 mg/l) P11 (7,77 mg/l)) au delà de 4 mg/l dont un pic au P6 correspondant à une valeur de 12,9 mg/l ; les minima relatifs ont varié entre 0,34 et 4,64 mg/l. La plus petite valeur qu'elle a prise est au P4 (0,34 mg/l). Ces valeurs sont très élevées par rapport à la norme requise par l'OMS (0,01 mg/l).

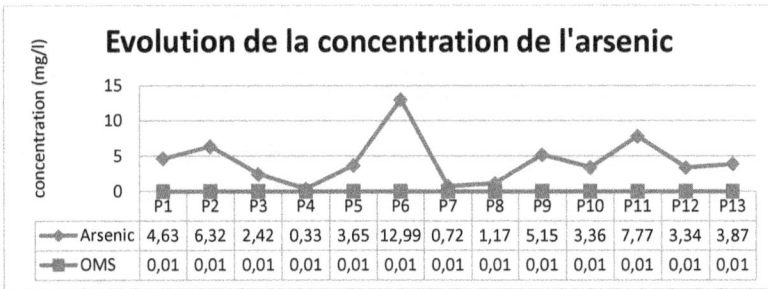

Evolution de la concentration de l'arsenic

	P1	P2	P3	P4	P5	P6	P7	P8	P9	P10	P11	P12	P13
Arsenic	4,63	6,32	2,42	0,33	3,65	12,99	0,72	1,17	5,15	3,36	7,77	3,34	3,87
OMS	0,01	0,01	0,01	0,01	0,01	0,01	0,01	0,01	0,01	0,01	0,01	0,01	0,01

Source : Réalisée à partir des résultats des analyses de laboratoire, Avril 2011

Figure 15: Comparaison de l'évolution de la concentration de l'arsenic suivant les points de prélèvement (Pn ; n ∈ {1 ; 2 ;...13}), avec la norme de l'OMS.

3.3 Évaluation de la qualité bactériologique de l'eau de Nangbéto

Les résultats des analyses microbiologiques consignés dans le tableau n°7, ont montré la présence de certains germes dans l'eau. Pour les germes totaux, nous en avons dénombrés 210 par millilitre en amont et 170 par millilitre en aval. Pour les coliformes totaux, nous en avons dénombrés 46 par millilitre en amont et 20 par millilitre en aval. Cependant, nous avons dénombré 0 germes par millilitres en amont comme en aval pour le vibrion cholérique et les anaérobies sulfuto-réducteurs. Enfin pour les salmonelles, nous en avons dénombrés zéro (0) par 25 millilitres. La pollution est donc plus élevée en amont qu'en aval. Aussi, la quantité de coliformes totaux trouvée est largement supérieure à la recommandation de l'OMS.

Tableau 7 : **Résultats de l'évaluation de la qualité bactériologique de l'eau du barrage de Nangbéto**

	Point de prélèvement P5	Point de prélèvement P7	Normes - OMS
Germes totaux / ml	210	170	100 /ml
Coliformes totaux / ml	46	20	0 / 100 ml
Coliformes thermotolérants / ml	0	0	0 / 100ml
ASR / ml	0	0	0 / 20 ml
Vibrion cholérique / ml	0	0	-
Salmonelles	Absence / 25ml	Absence / 25ml	-

Source : Réalisée à partir des résultats des analyses de laboratoire, Avril 2011

Le tableau n°8 présente les relevés de pH et de chlore résiduel effectués par la CEB au niveau de l'eau potable. Cela a permis de vérifier l'état de l'eau potable au niveau d'un robinet à la Cité A (CEB - Nangbéto) après la potabilisation.

La procédure a été d'évaluer les relevés de la concentration du chlore résiduel et du pH au niveau de l'eau potable sur cinq jours. Ce qui a permis de déduire l'état de la potabilité de l'eau. Nous avons remarqué ainsi que la concentration du chlore résiduel est en moyenne 0,1 mg/l et que le pH est 7. Par conséquent, les concentrations du chlore au niveau des relevés sont inférieures à la norme de l'OMS (0,5 mg/l), sauf celle du relevé du 23/03/11 (0,7mg/l) qui est supérieure à la norme de l'OMS.

Tableau 8 : **Relevés de la concentration du chlore résiduel et du pH.**

Robinet à la cité A		
Date	Cl (mg/l)	pH
23/03/11	0,7	7,0
24/03/11	0,1	7,5
25/03/11	0,1	7,0
28/03/11	0,1	7,0
30/03/11	0,1	7,0
VG/OMS	0,5	6,5-9

Source : réalisée à partir des résultats des prélèvements de la station d'eau potable de la CEB, Avril 2011

3.4 Évaluation de la classe de l'eau du barrage de Nangbéto

L'évaluation de la classe de l'eau du barrage de Nangbéto a été faite avec l'outil : Système d'Évaluation de la Qualité de l'Eau (SEQ- Eau) version 2 (V2). En effet cet outil permet d'évaluer la classe d'appartenance d'un cours d'eau. Le tableau n°9 résume les moyennes des valeurs obtenues pour les analyses et les Valeurs Guides (VG) des différentes classes d'évaluation. Dans ce tableau, nous avons écrit les valeurs des paramètres évalués avec une police de couleur correspondant à celle de la classe d'appartenance révélée par le résultat. La qualité globale de l'eau est déduite du plus petit indice obtenu au niveau des paramètres mesurés. Dans le cas de cette étude, le plus faible indice obtenu est au niveau du paramètre de l'Arsenic. En effet, les valeurs de la concentration de l'arsenic correspondent à l'intervalle des indices 0 et 20, ce qui correspond à une eau de qualité mauvaise (classe rouge).

Tableau 9 : Évaluation de la classe de l'eau du barrage de Nangbéto dans le SEQ – Eau

Paramètres	Concentration moyenne-Amont	Concentration moyenne - Aval	Concentration –Bac, E6	VG-classe-Bleu(80)	VG-classe-Vert(60)	VG-classe-	VG-classe-Orange(20)	VG-classe-Rouge
Température (°c)	28,18	28,05	28,2	20 /24	21,5/25,5	25/27	28/28	
Turbidité-NTU	12,43	9	-	1	35	70	100	
pH	6,95	6,77	7,77	6,5-8,2	6,0-9	5,5-9,5	4,5-10	
Conductivité (µs/cm)	192,18	174,75	590	180-2500	120-3000	60-3500	0-4000	
Pot. Rédox (mV)	-28,6	-17,5	-71	-	-	-	-	
Sulfates (mg/l)	4,85	5,8	-	60	120	190	250	
Nitrates (mg/l)	2,9	<0,5	-	2	10	25	50	
Calcium (mg/l)	9,7956	9,3558	57,8306	32-160	22-230	12-300	0-500	
Magnésium (mg/l)	4,0407	4,3606	12,0491	50	75	100	400	
Sodium (mg/l)	5,8623	6,2292	18,1737	200	225	250	750	
Potassium (mg/l)	1,9289	2,0283	3,2280	-	-	-	-	
Arsenic (mg/l)	3,4755	1,8984	12,9997	0,001	0,035	0,07	0,1	
Germes totaux (par/ml)	210	170	-	-	-	-	-	
Coliformes totaux (par/ml)	46	24	-	50 par 100ml	500 par 100 ml	5000 par 100 ml	10000 par 100 ml	

Légende :

Classe : Très bonne qualité.   Bonne qualité.   Qualité moyenne.   Qualité médiocre.   Qualité mauvaise

Indice :   80 à 100   60 à 80   40 à 60   20 à 40   0 à 20

Source : Synthèse des résultats des analyses de laboratoire, Avril 2011 et les normes SEQ-EAU

Chapitre IV : Discussion

Le chapitre présente l'interprétation des résultats des analyses de notre étude.

En effet, les résultats des analyses de laboratoire ont révélé à travers plusieurs paramètres que la qualité de l'eau du barrage de Nangbéto pourrait être remise en cause.

Ainsi, les valeurs de la température de l'eau sont plus élevées que celles recommandées par l'OMS et le SEQ-Eau. En effet, la température moyenne mesurée (environ 28°C) est plus élevée que celle des conditions normales de vie de la biocénose aquatique dont la température est comprise entre 20°C et 24°C (SEQ). Les résultats ont montré aussi que le potentiel redox est négatif (il varie entre -71 et -12 mV) au niveau des points de prélèvements d'eau brute sur le barrage. Le milieu aquatique du barrage de Nangbéto est donc très pauvre en oxygène. Ce qui dégrade les conditions de vie de la biocénose aquatique. Aussi, la qualité de l'eau est plus dégradée en amont qu'en aval. Cette situation affecte négativement la vie de la biodiversité aquatique.

Les résultats suite à l'analyse de la turbidité, ont montré également que l'eau du barrage de Nangbéto est trouble par rapport aux recommandations de l'OMS. Ce qui est normale puisque c'est une eau de surface. De plus, l'eau du barrage est rechargée souvent par les matières en suspension ou en solution qui migrent de l'amont vers l'aval.

Les résultats des analyses du dosage des métaux lourds ont montré que le fleuve Mono est alimenté en amont du barrage par les rejets d'effluents qui sont drainés jusqu'au lac en saisons pluvieuses. En effet, les valeurs faibles des métaux lourds, retrouvées dans l'eau, sont contraires à celles signalées par Tchaou (2009) qui en a trouvés dans les poissons du barrage de Nangbéto à des concentrations élevées pendant la saison pluvieuse. Cet écart peut être expliqué par le fait qu'en période d'étiage, le Mono s'assèche en amont de Nangbéto, par endroit. Ce qui explique les traces de métaux retrouvées dans certains de nos échantillons. De plus, les études de Tchaou ont montré que les poissons sont des bioaccumulateurs de métaux. Ainsi, les doses élevées de métaux trouvées dans leur chair sont dues à un processus de bioaccumulation sur une longue période (à travers plusieurs saisons de pluies). Nos prélèvements sur le barrage de Nangbéto ont été faits en période d'étiage du fleuve Mono, par conséquent, le fleuve a drainé peu de polluants dans le lac pendant cette saison. De plus, la plupart des métaux ont eu le temps de sédimenter au fond de la retenue. Ainsi, nos résultats n'ont pas infirmé ceux de Tchaou, mais ont montré qu'il y a bien un transit de métaux lourds à travers le lac et ce transit a lieu pendant la période de crue où les affluents et le fleuve sont très riches en métaux lourds.

Par ailleurs, le dosage de l'arsenic a donné des valeurs très élevées (en moyenne 4.58 mg/l) par rapport à norme recommandée par l'OMS (0.01 mg/l). Nous affirmons donc que cette eau est fortement polluée. Aussi, la biocénose est certainement contaminés à travers le processus de bioaccumulation comme la démontrer Tchaou (2009). De plus cette eau ne peut être utilisée comme source d'eau destinée à la consommation à cause de la forte concentration d'arsenic. Cette forte pollution par l'arsenic est certainement d'origine anthropiques (décomposition des herbicides à base d'arsenic, utilisés dans l'agriculture). Elle peut être aussi d'origine naturelle, c'est-à-dire issue des roches que traverse le fleuve Mono amont du barrage. En outre, l'évaluation de la classe de l'eau du barrage de Nangbéto suivant les normes SEQ-Eau, montre que cette eau est classée parmi les eaux de qualité mauvaise (classe rouge).

Selon les résultats des analyses microbiologiques, la pollution microbienne n'est pas d'origine fécale. Cependant, la dose de coliformes totaux retrouvés dans l'eau brute du barrage ne permet pas la consommation directe de la dite eau sans traitement.

Les valeurs élevées de cations majeurs, d'arsenic et autres paramètres au P6 (bac recueillant l'eau de fuite à travers l'enrochement) peuvent être expliquées de deux manières : (i) elles sont les résultats des empruntes laissées par les minéraux des roches au cours du transit de l'eau à travers la digue secondaire ; (ii) elles sont les résultats de l'accumulation des minéraux grâce à l'évaporation depuis les autres passages de l'eau. Ce qui a rendu le milieu très concentré en ces éléments.

La présence de l'arsenic dans l'eau potable, avec une concentration moyenne (4,58 mg/l) largement supérieure à celle recommandée (0,01 mg/l) par l'OMS en 1998, rend l'eau de Nangbéto impropre à la consommation. Les relevés du chlore résiduel au niveau de l'eau potable, étant en moyenne de 0,1 mg/l pour un pH = 7 (Cf. tableau n°8), on peut estimer que l'eau traitée pour la consommation est potable sur le plan microbiologique. Enfin, les résultats ont montré aussi que l'eau potable est peu minéralisée, notamment en calcium.

Suggestions, perspectives et conclusion

Une première mesure à prendre pour la protection de l'eau de Nangbéto, est la lutte contre la pollution anthropique. En effet, il faudrait éviter l'usage de certains herbicides qui sont fabriqués à base d'arsenic dans l'agriculture; leur usage doit être interdit afin de préserver les cours d'eau de la pollution arsenicale. Par ailleurs, il est urgent de traiter les effluents industriels et urbains qui sont déversés dans le Mono et ses affluents. Pour ce fait, il est important de mettre en place une structure interétatique de gestion du bassin du fleuve Mono. Elle pourra s'occuper de l'évaluation, du suivi et de la surveillance de la qualité des cours d'eau dans le bassin. On pourrait aussi voir si la pollution est d'origine naturelle, afin de trouver des mesures pour la limiter.

Nos perspectives à la fin de cette étude se résument en ces termes: « **Les origines de l'arsenic dans les eaux du barrage de Nangbéto** ». Ainsi, pour développer ce thème, il est nécessaire de présenter une généralité sur l'arsenic, une problématique, les objectifs à atteindre et la méthodologie.

Généralité sur l'arsenic

❖ **Minéralogie de l'arsenic**

L'arsenic (de symbole chimique As et de numéro atomique 33) est le vingtième élément le plus abondant dans la croûte terrestre et le quarante septième élément le plus abondant sur Terre parmi les quatre-vingt huit éléments existants. C'est un métalloïde au comportement chimique intermédiaire entre les métaux et les non-métaux qui présentent de fortes analogies avec le phosphore (Bossy, 2010).

❖ **Localisation dans la biosphère**

L'arsenic est présent dans les trois couches de la biosphère (pédosphère, hydrosphère et atmosphère). Plus de deux cents minéraux contiennent de l'arsenic, et sa concentration moyenne dans les minéraux de la croûte terrestre est de l'ordre de 1,5 ppm, c'est-à-dire 1 500 µg/l. Sa concentration moyenne dans les océans est de l'ordre de 1 à 8 µg/l. Dans les eaux douces non polluées sa concentration varie généralement de 1 à 10 µg/l. Toutefois, les concentrations observées peuvent être très différentes selon qu'il s'agit d'eaux souterraines, de rivières ou d'estuaires, et selon la nature en arsenic du sol traversé (Manlius et al., 2009).

❖ **Les deux formes d'arsenic As(III) et As (V)**

L'arsenic peut exister sous diverses formes inorganiques : sous sa forme métallique pure, sans valence et que l'on peut symboliser par As(0), sous sa forme trivalente As(III) ou sous sa forme pentavalente As(V). L'arsenic peut se trouver sous quatre états d'oxydation, qui sont, du moins oxydé au plus oxydé : As (-III), As(0), As(+III) et As (+V). La répartition entre As(III) et As(V) dépend essentiellement du potentiel redox (Eh), du potentiel hydrogène (pH) et de l'activité biologique. En particulier, une forte teneur en matière organique du sol (entre 7,5 et 15 %) entraîne une augmentation de l'As(III) au détriment de l'As(V), et une faible teneur en matière organique (entre 0,5 et 5 %) l'effet inverse (Manlius et al., 2009).

❖ **Spéciation aqueuse**

Dans les écosystèmes aquatiques, l'arsenic se présente sous différentes formes chimiques et comme de nombreux éléments sa spéciation dépend du pH et du potentiel d'oxydo-réduction. Le diagramme Eh/pH de spéciation de l'arsenic en solution montre la formation préférentielle des ions $H_2AsO_4^-$ et $HAsO_4^{2-}$ en conditions oxydantes alors qu'en conditions réductrices, ce sont les ions $H_3AsO_3^0$ qui sont principalement formés (Manlius et al., 2009).

Problématique

Selon Manlius et al. (2009), l'As(III) est la forme d'arsenic la plus toxique ; les composés arséniés vont inhiber les activités enzymatiques engendrant des symptômes plus ou moins immédiats selon le mode et l'intensité d'exposition Une dose orale pour l'homme de 110 mg d'arsenic inorganique, présent par exemple dans une eau de boisson contaminée, correspondant à une concentration de 1 à 2 mg/kg de poids corporel, est potentiellement mortelle. Ainsi, la DL50 (dose qui entraîne 50 % de décès dans une population) de l'As(III) est de 1 mg/kg chez l'homme et place cette substance dans la classe « Super toxique » de l'échelle de Gosselin en 1984 (Manlius et al., 2009). L'arsine, très volatile, est considérée comme le composé d'arsenic le plus toxique : des concentrations supérieures à 250 mg/kg provoquent la mort quasi-instantanée et l'inhalation, même brève, de 100 mg/kg entraîne le décès dans les 30 minutes. L'OMS (Organisation Mondiale de la Santé) propose une dose journalière maximale admissible d'arsenic inorganique de 2 µg/kg pour l'homme, avec un maximum de 150 µg/j. L'arsenic fut l'un des premiers composés chimiques reconnus comme cancérogène par l'OMS et le Centre International de Recherche sur le Cancer (CIRC), ce dernier l'ayant classé en Groupe 1 cancérigène pour l'homme dès 1980. Or, cette catégorie n'est utilisée que lorsqu'on dispose d'indications suffisantes de cancérogénicité pour l'homme. Selon l'Institut de Veille Sanitaire (InVS), il est démontré que pour de fortes concentrations (plusieurs centaines de µg/l), l'arsenic hydrique est impliqué de manière causale dans le développement des cancers cutanés (carcinomes et mélanomes), de la vessie (en particulier du carcinome à cellules transitionnelles) et du poumon, des reins, du foie et probablement dans l'apparition du diabète non insulinodépendant.

Objectifs de l'étude

L'objectif général de l'étude est de déterminer l'origine de l'arsenic dans les eaux du barrage de Nangbéto. De façon spécifique, il s'agira de : (i) doser la concentration de l'arsenic au niveau de l'eau des affluents et des tributaires situés dans le bassin versant de Nangbéto ; (ii) doser la concentration de l'arsenic dans les sols et les sédiments du bassin du fleuve Mono ; (iii) identifier les effluents industriels, urbains et ruraux susceptibles de contaminer l'eau et les types de pesticides utilisés dans les cultures du bassin du Mono ; (iv) établir un modèle de gestion du bassin du fleuve Mono en fonction des sources de pollutions en vue d'en limiter les conséquences.

Méthodologie de l'étude

Pour atteindre ces objectifs, la méthodologie à adopter comporte trois phases. (i) Dans une première phase, il sera procédé à l'évaluation de la qualité physicochimique des affluents et tributaires de Nangbéto. Pour cette phase, des prélèvements sur le terrain seront faits au niveau des cours d'eau du bassin ; ensuite ces prélèvements seront analysés au laboratoire afin d'évaluer les divers paramètres retenus. (ii) Ensuite la deuxième phase concernera le prélèvement des roches et du sol afin d'évaluer leur composition, notamment en arsenic. (iii) Enfin la troisième phase consistera à mener une enquête de terrain et des recherches au laboratoire en vue de recueillir toute information susceptible de confirmer des sources de pollution données, notamment sur l'usage des pesticides.

En conclusion, l'évaluation de la qualité physico-chimique et bactériologique de l'eau du barrage de Nangbéto, a permis de détecter que cette eau est altérée sur certains paramètres physiques et chimiques, notamment la température, l'oxygène dissous, les métaux lourds et l'arsenic. L'arsenic est un élément plus ou moins toxique en fonction de sa concentration et de sa spéciation. En effet, l'exposition chronique à ce métalloïde présent dans les eaux est à l'origine de graves problèmes de santé publique. Afin de comprendre et de limiter la pollution en arsenic dans les eaux, il est important de connaître les sources de pollutions exactes dans un bassin versant. Ainsi, cette pollution peut être d'origine naturelle, c'est-à-dire issue de l'air, des sols et sédiments, ou anthropiques.

Références bibliographiques

⬥ Amegantsega K. S. (2008), *Évaluation de la qualité physico-chimique de l'eau en milieu rural : cas du réseau d'adduction d'eau potable de KPELE-SUD (KLOTO)*. Mémoire de DUTS/GS ; EAM/ Université de Lomé, Togo. 40 p.

⬥ Ameyapoh Y., Bawa L. M., de Souza C., Hiheglo M. (2005), *Impacts des contaminations microbienne et chimique de la lagune de Lomé sur la qualité des poissons péchés dans ses eaux*. Ecole Supérieure des Techniques Biologiques et Alimentaires (ESTBA), Université de Lomé, Togo. 4p.

⬥ Bawa L. M. (2010), *Chimie et Qualité des Eaux*. Note de cours, Master International Environnement Eau et Santé, Faculté des Sciences, Université de Lomé, Togo, 28 p.

⬥ Blivi A. (2000), *Effets du barrage de Nangbéto sur l'évolution du trait de côte : une analyse prévisionnelle sédimentologique*. In « J. Rech Sci. » Université du Bénin, Togo, N° 4 vol1.

⬥ Bossy A. (2010), *Origines de l'arsenic dans les eaux, sols et sédiments du district aurifère de St-Yrieix-la-Perche (Limousin, France) : contribution du lessivage des phases porteuses d'arsenic*. Thèse de Doctorat, Université de Limoge, 150 p.

⬥ CEB (1998), *Aménagement hydroélectrique d'Adjarala : étude d'impact sur l'environnement* ; Tome 1; Rapport principal et annexes A à C, ed. Coyne et Bellier ; Mise à jour : 2006. 165 p.

⬥ CEB (1991), *Projet de développement de la pêche sur de Nangbéto : faisabilité technique et économique*. Rapport de synthèse, ed. Electrowatt et Sogreah, 33 p.

⬥ CMB (2000), *Barrages et Développement. Un nouveau cadre pour la prise de décision*. Rapport de la Commission mondiale des barrages. Tour d'horizon, 30 p.

⬥ COB-EDF (1998), *Aménagement hydroélectrique d'Adjarala. Étude d'impact sur l'environnement*. T1, T2 et T3. Rapport, 133 p.

↓ Edorh A. P., Soumanou M. M., Laleye A., Gbangboche A. B. (2004), *Concentration du fer et du cuivre dans le liquide séminal de patients atteints d'infertilité masculine.* Journal de la Société de Biologie Clinique, 008 : 57- 60.

↓ Électrowatt-Sogreah (1983), *Aménagement hydroélectrique de Nangbéto. Avant-projet détaillé.* Rapport, 180 p.

↓ Encarta(2009), *Encyclopedia.*
(http ://www.encarta.msn.com/fr/encyclopedia/poissons).

↓ Guedenon P. (2008), *Pollution des écosystèmes par les métaux lourds : cas du fleuve Ouemé et du lac Nokoué.* Mémoire de DEA Environnement et santé de développement, FAST, Université d'Abomey-Calavi, Bénin, 65 p.

↓ GWP (Global Water Partnership), RIOB (Réseau international des organismes de bassin) (2009), *Manuel de Gestion Intégrée des Ressources en Eau par Bassin.* GWP-RIOB, 111p. (www.gwpforum.org | www.inbo-news.org).

↓ Kpiagou P. (2008), *Evaluation et effets de la bioaccumulation des métaux lourds dans les poissons du système lagunaire de Lomé.* Mémoire : GEE/ESTBA, Université de Lomé, Togo, 46 p.

↓ Louis B. I. (1984), *Aménagement hydroagricole de la basse vallée du fleuve Mono.* Plan directeur ; CEB. 35 p.

↓ Manlius N., Battaglia-Brunet F., Michel C. (2009), *Pollution des eaux par l'arsenic et acceptabilité des procédés de biotraitement.* BRGM/RP-57640-FR, 173 p., 26 fig., 5 tabl., 9 ann.

↓ Miquel G. (2001), *Effets des métaux lourds sur l'environnement et la santé.* Rapport 261 de l'offre parlementaire d'évaluation des choix scientifiques et technologiques, 365p.

↓ PNUD (1987), *Étude d'impact sur la basse vallée de l'estuaire du Mono.* Rapport d'étude. Ed. Laboratoire central d'hydraulique de France et Université du Bénin, 36 p.

🔱 Salami M.-L., Bowessidjaou E., Dogba K., Glitho A., Nuto Y. (1987), *Inventaire de la faune du site de Nangbéto* ; Rapports final et provisoire présentés à la CEB. Université du Bénin/ Ecole des Sciences, Togo, 19 p.

🔱 Spin (1997), *Les métaux lourds*. Dossier SAM 1997, Ecole nationale des mines de Saint-Etienne.

🔱 Tchaou M. C. (2009), *Évaluation de la pollution par les métaux lourds des poissons du lac artificiel du barrage hydroélectrique de Nangbéto : cas du plomb, du cadmium, du cuivre et du nickel*. Mémoire d'Ingénieur des Travaux en Gestion de l'Eau et de l'Environnement, ESTBA/ Université de Lomé, Togo, 50 p.

🔱 Tomety F. (2007), *Les polluants métalliques et les éléments nutritifs responsables de l'eutrophisation du système lagunaire de Lomé*. Mémoire de Diplôme d'études approfondies en Biologie de Développement, FDS/Université de Lomé, Togo, 59 p.

🔱 UNESCO (2008), *Programme PCCP : Potentiel Conflit to Coopération Potential: Cas du bassin du Mono*. Rapport d'étude, 80 p.

🔱 Wikipedia (2009), *Encyclopedia*.
(http://www.wikipedia.org/fr/wiki/Poisson/définition et classification/).

🔱 WHO (1998), *Guidelines for Drinking water quality. Health Criteria and other supporting information*. 2nd Edition, Addendum to vol.2, World Health Organisation, Geneva, pp. 201-208.

www.ingramcontent.com/pod-product-compliance
Lightning Source LLC
Chambersburg PA
CBHW021609210326
41599CB00010B/668